疯狂的生物

遗传和变异

洋洋兔·编绘

科学普及出版社

·北 京·

图书在版编目（CIP）数据

疯狂的生物. 遗传和变异 / 洋洋兔编绘. -- 北京：科学普及出版社, 2021.6（2024.4重印）
ISBN 978-7-110-10240-4

Ⅰ. ①疯… Ⅱ. ①洋… Ⅲ. ①生物学－少儿读物②遗传变异－少儿读物 Ⅳ. ①Q-49②Q31-49

中国版本图书馆CIP数据核字(2021)第000960号

目录

你长得像谁

地球上的生物数不胜数，但每一种生物都不太一样，都有属于自己的特征。

迎春花开满黄色小花。

秋天的枫树上长满红叶。

大熊猫有一副黑眼圈。

乌龟有一个坚硬的壳。

雪豹披着布满黑斑点的灰白色皮毛。

这些特征都是由生物的上一代传给下一代的，也就是遗传。

比如，老虎长着一身漂亮的花纹。

这身花纹，老虎会遗传给它的下一代。它生下来的小老虎也会有一身花纹。

生物为什么能把特征遗传给后代？那是因为在每一个生物身体里，都藏着能够控制这些特征的遗传物质——基因。

什么是基因

你还记得在细胞中认识的DNA吗？

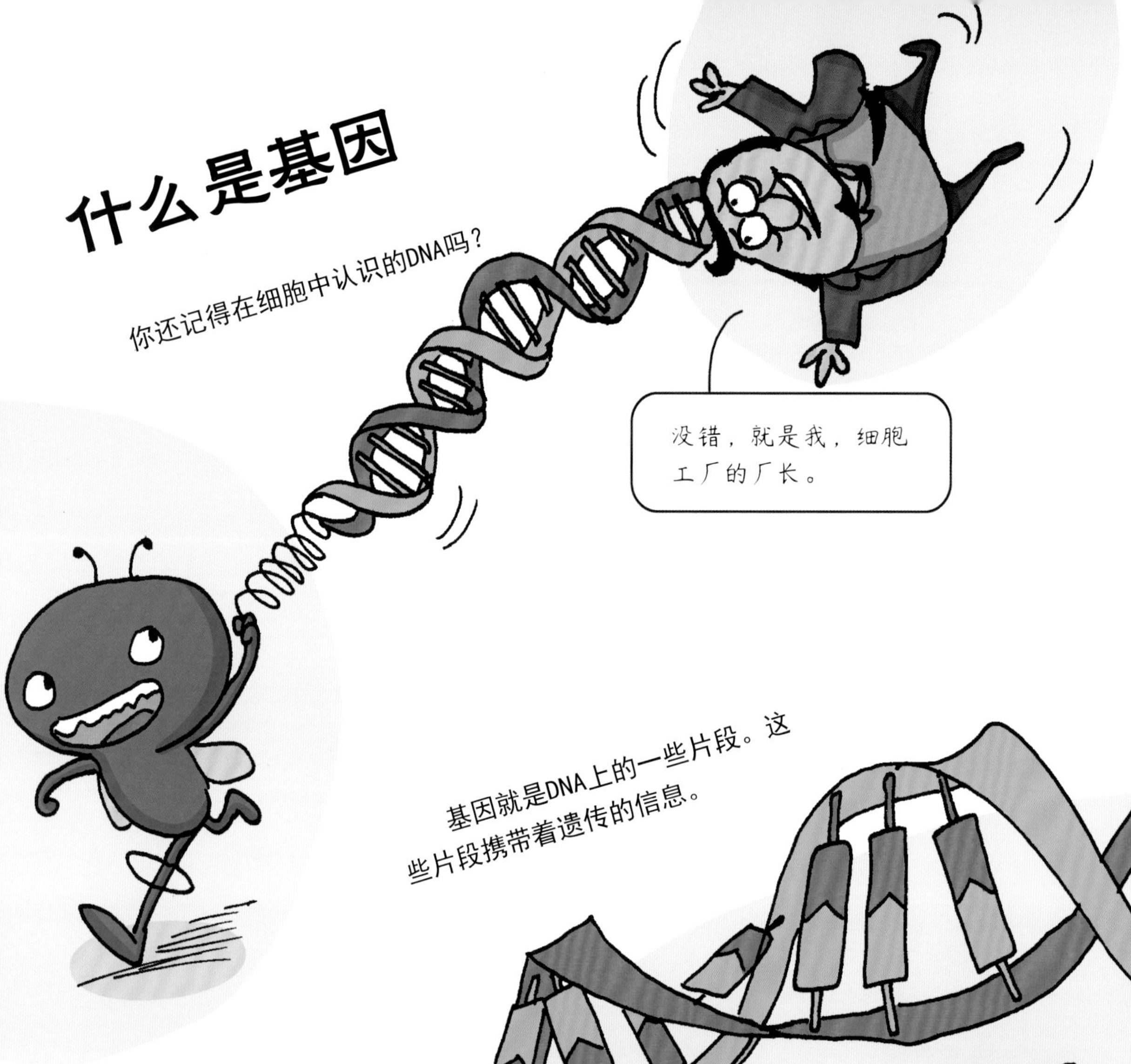

没错，就是我，细胞工厂的厂长。

基因就是DNA上的一些片段。这些片段携带着遗传的信息。

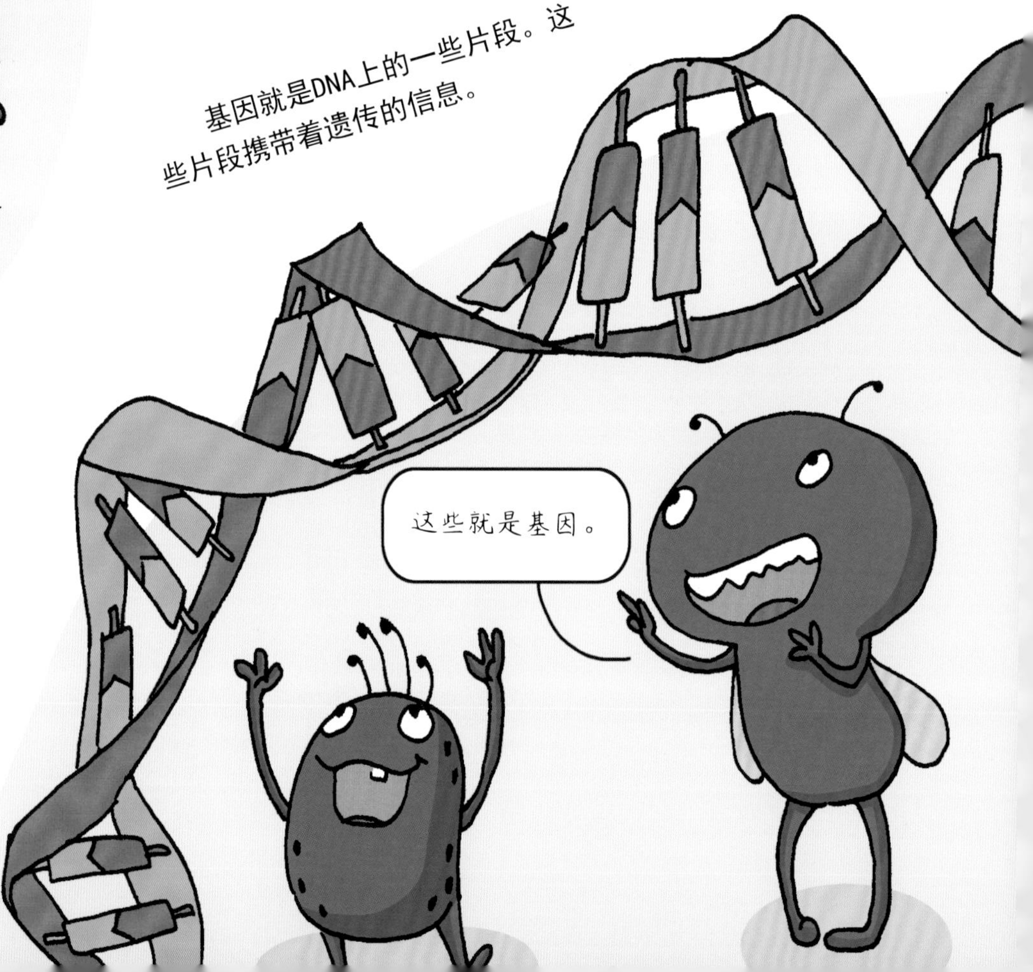

这些就是基因。

你知道，绝大多数的生物都是从一个受精卵开始的。受精卵里就带有基因。

受精卵分裂形成了无数个细胞，同时也把基因传给了所有的细胞。

最后，根据细胞所具有的基因，下一代就遗传到了上一代的特征。比如，大象的基因就决定了它会拥有庞大的身躯、长长的鼻子和洁白的象牙。

剪“彩带”的魔术

来看一个剪“彩带”的魔术。

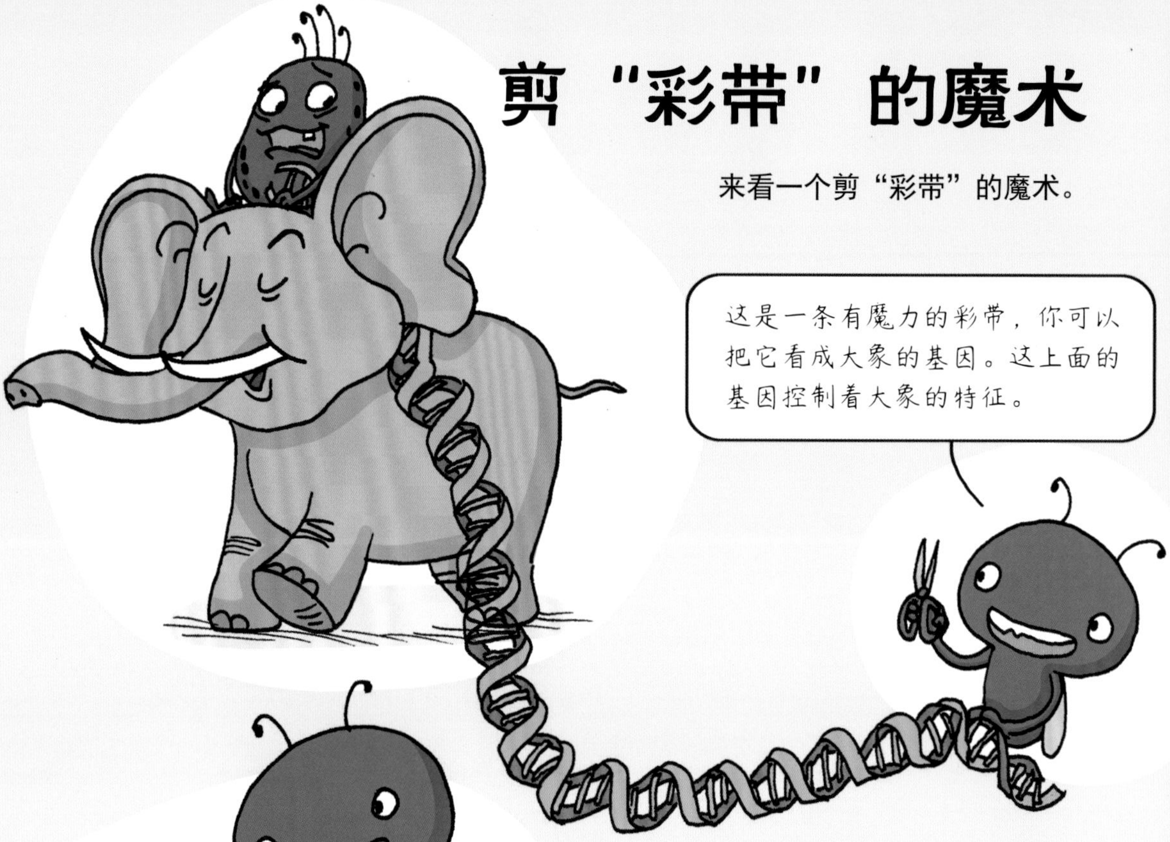

这是一条有魔力的彩带，你可以把它看成大象的基因。这上面的基因控制着大象的特征。

如果把大象的长鼻子基因剪下来，装进一头猪的基因里……

它会变成一头长鼻子猪。

如果把大象的生长基因剪下来，装进一只兔子的基因里……

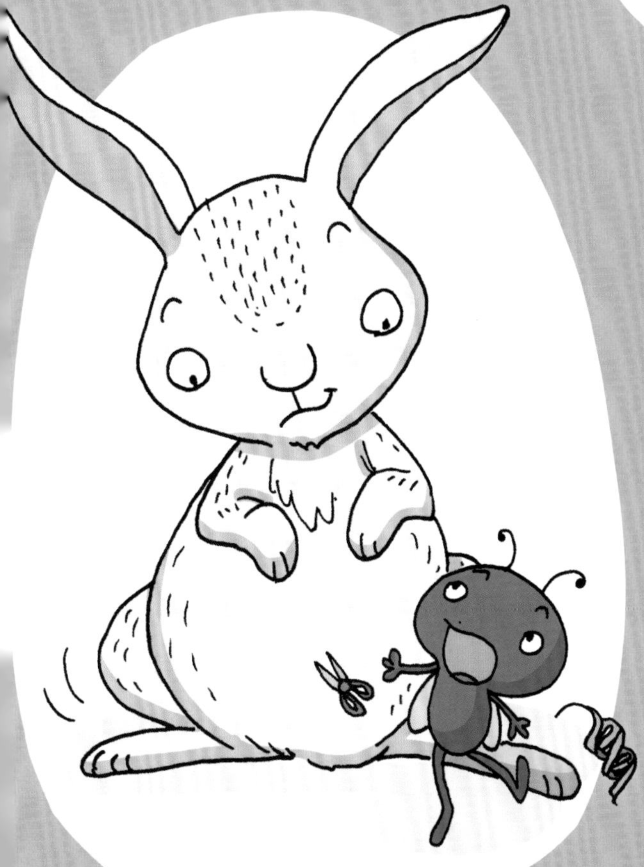

那这只兔子就会长得巨大无比，像大象一样大。

你快把大象的基因给我还回来！

可是缺失了这些基因的大象会怎样呢？它可能会长成其他各种奇怪的样子。

我们一起种豌豆

生物的特征能够遗传，是因为基因的作用。
没错，而且遗传是有规律的。最早发现生物遗传规律的是一个种豌豆的生物学家。

最早发现遗传规律的是奥地利生物学家孟德尔。他通过种植豌豆进行实验，弄清楚了其中的奥秘。

我们一起来像孟德尔一样种豌豆吧！首先需要找到一些高个豌豆的种子和矮个豌豆的种子。

把两种豌豆分别种在不同的农田里。

豌豆开花后，在花瓣打开前，就会完成自花传粉。

自花传粉是指同一朵花的花粉落到这朵花的雌蕊上，这样可以保证基因纯净。

豌豆成熟后，我们收获了第一批豌豆种子。

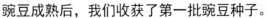

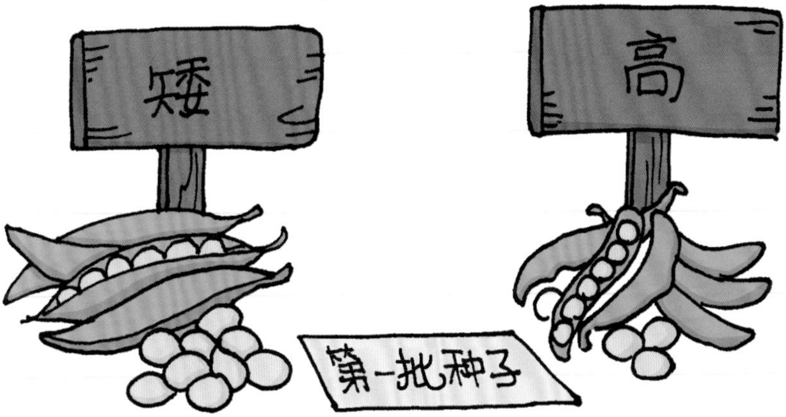

继续把第一批豌豆种子分开种下去。

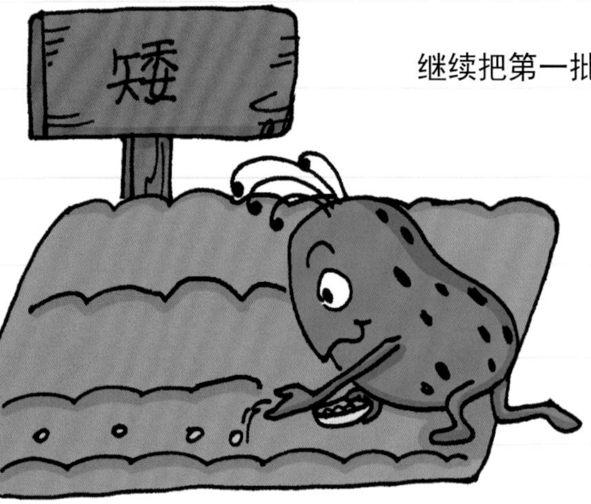

这些豌豆长大后，出现了一些小意外。高个子豌豆的种子，居然会长出一些矮个子的豌豆。

矮豌豆会扰乱实验，要把它们剔除。

成熟后，收获了第二批豌豆种子。

经过几代的豌豆种植培育后，高个豌豆的种子只能种出高个豌豆，矮个豌豆的种子只能种出矮个豌豆。
这时培育的豌豆都是纯种的，各自只有一种决定生长高度的遗传基因。
也就是说，高个豌豆里只有高个的基因，矮个豌豆里只有矮个的基因。
那可不一定哟！
肯定会长出不高不矮的豌豆。
如果我们把这两种纯种的豌豆进行杂交，你猜它们结出的豌豆会是什么样的？

显性基因和隐性基因

哈哈，瞧，实验的结果是长出来的都是高个豌豆。
为什么会这样？
我就好比高个基因，是显性的。你是矮个基因，是隐性的。
显
隐
这是因为豌豆的高个基因是显性基因，矮个基因是隐性基因。
同时拥有显性基因和隐性基因的豌豆长大后，显性基因的特征会表现出来，而隐性基因的特征会被藏起来。

除了高个和矮个外，豌豆还有其他显性和隐性的特征。

比如：黄色的种子、紫色的花，是豌豆的显性特征；绿色的种子、白色的花，是隐性特征。

动物也有显性特征和隐性特征。果蝇的翅膀可以分为长翅和残翅。长翅是显性特征，残翅是隐性特征。

人也有许多显性和隐性特征。比如头发，天生的直发是显性特征，卷发是隐性特征。

有趣的自由组合

如果让第一代杂交豌豆自花授粉，得到第二代杂交豌豆种子。种下去后，居然又会出现高和矮两种豌豆，而且高、矮两种豌豆的比例是3：1。

这又是怎么回事儿呢？听听孟德尔怎么说。

高个基因和矮个基因分别在2条染色体上。豌豆细胞在制造生殖细胞时，成对的染色体会分开，分成染色单体进到2个独立生殖细胞中。雄性生殖细胞和雌性生殖细胞两两结合，就形成了高个和高个、高个和矮个、矮个和高个、矮个和矮个4种基因。这里面矮个和矮个的基因会长成矮个豌豆，其他3种都会长成高个豌豆。

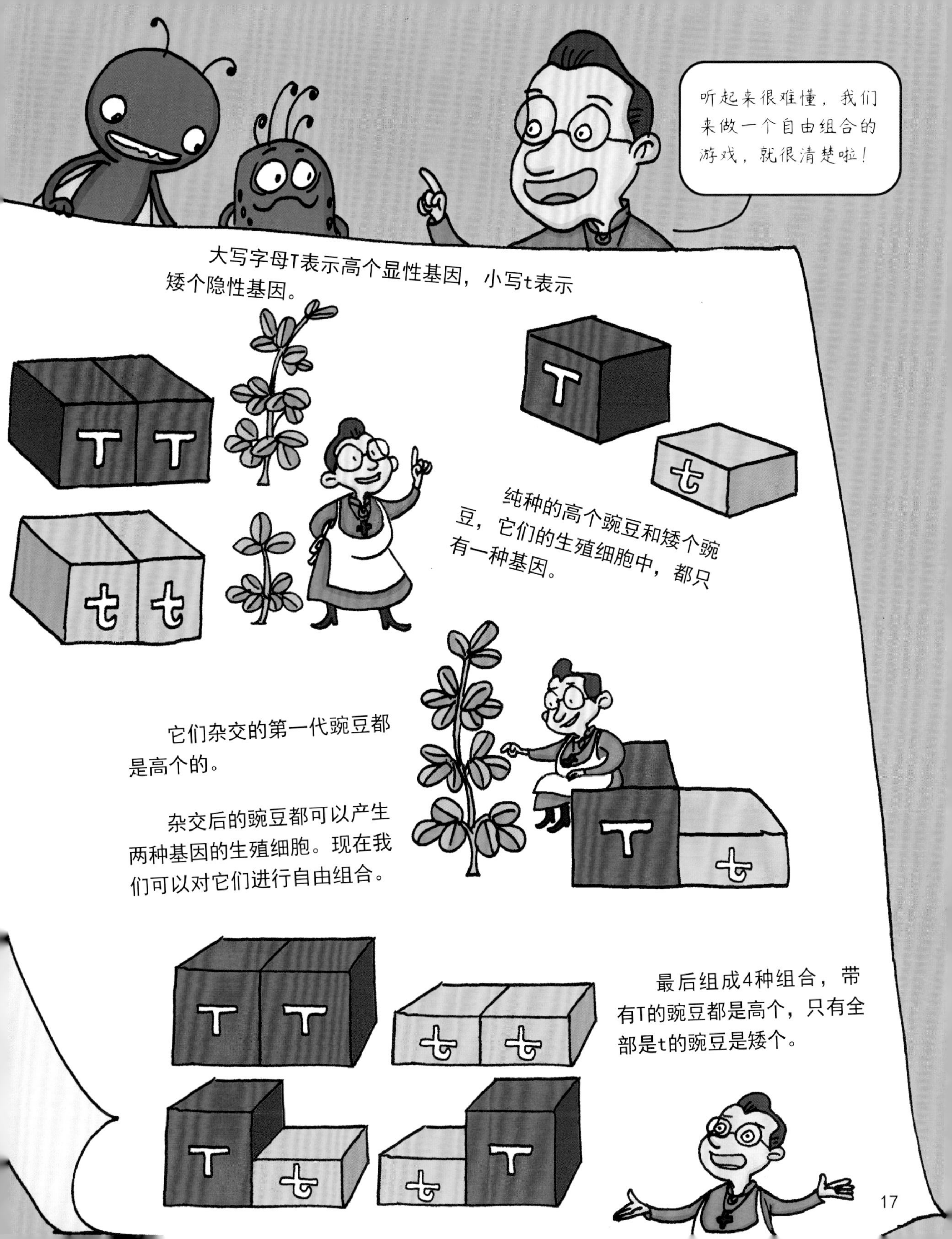
听起来很难懂，我们来做一个自由组合的游戏，就很清楚啦！
大写字母T表示高个显性基因，小写t表示矮个隐性基因。
T T
t t
T
t
纯种的高个豌豆和矮个豌豆，它们的生殖细胞中，都只有一种基因。
它们杂交的第一代豌豆都是高个的。
杂交后的豌豆都可以产生两种基因的生殖细胞。现在我们可以对它们进行自由组合。
T t
T T
t t
T t
t T
最后组成4种组合，带有T的豌豆都是高个，只有全部是t的豌豆是矮个。

男孩，还是女孩

人类也遵循着类似豌豆的遗传规律。如果有人生了宝宝，我们都会问是小弟弟还是小妹妹。那么，生男孩、生女孩到底是怎么回事呢？

每个人都有23对染色体。其中有1对叫性染色体，它决定了人的性别是男还是女。

这对是女性的性染色体，由两条X染色体组成，它们的大小形态都很相似。

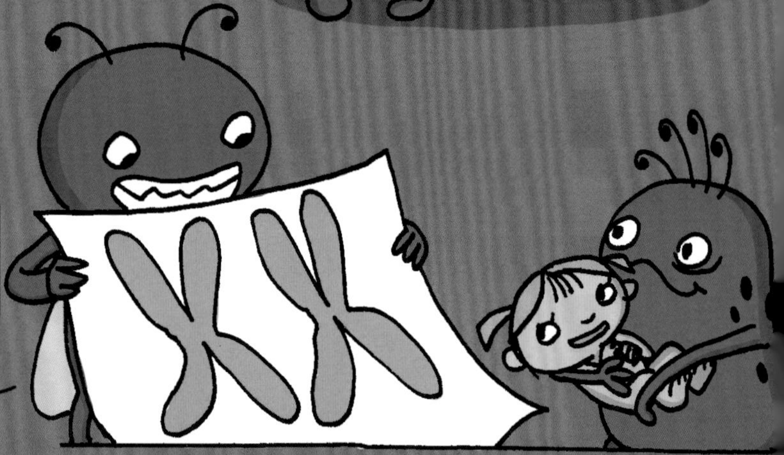

男性的性染色体和女性的大不相同。

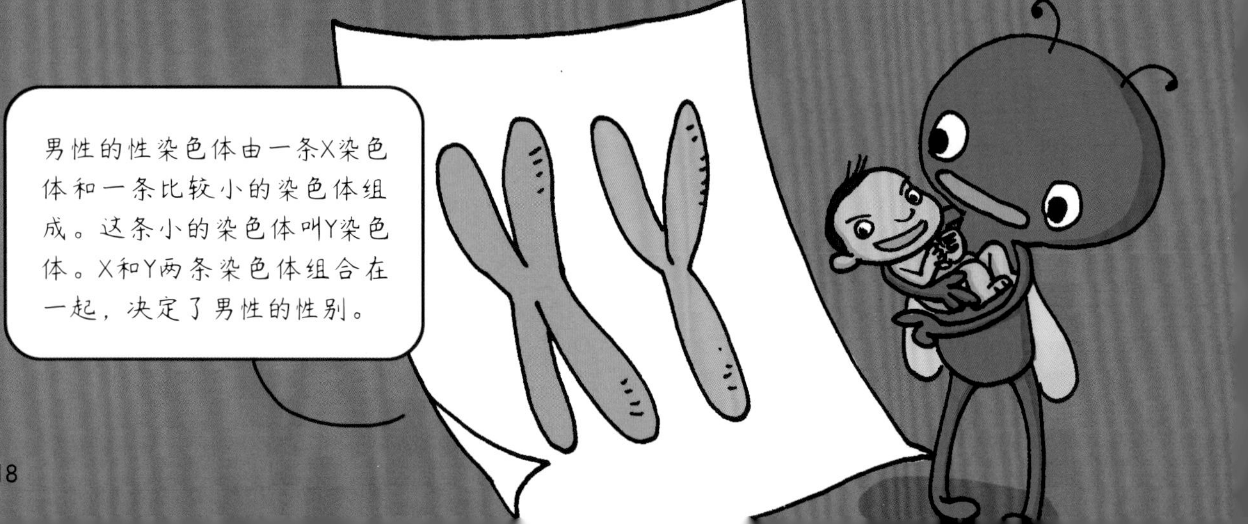

男性的性染色体由一条X染色体和一条比较小的染色体组成。这条小的染色体叫Y染色体。X和Y两条染色体组合在一起，决定了男性的性别。

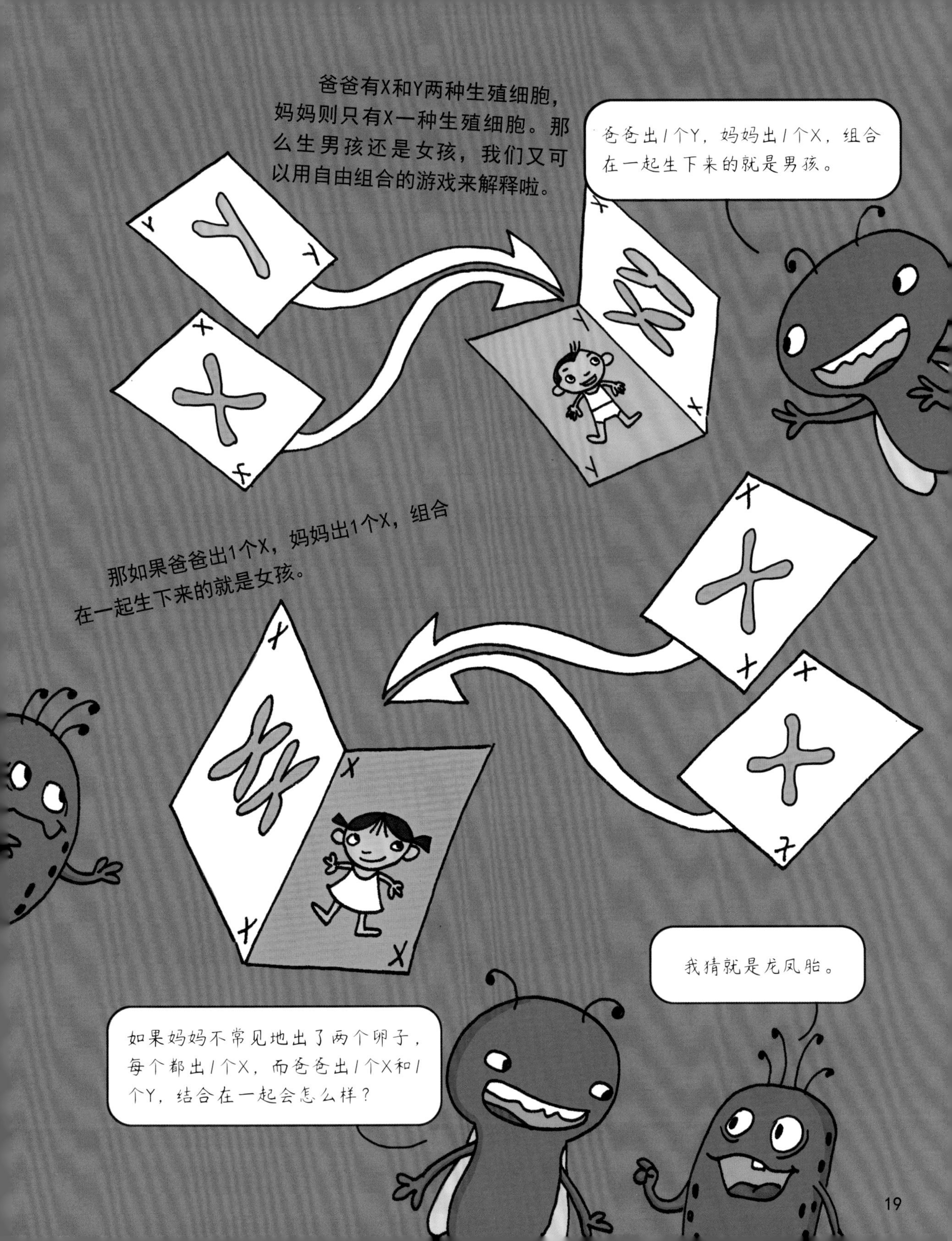

爸爸有X和Y两种生殖细胞，妈妈则只有X一种生殖细胞。那么生男孩还是女孩，我们又可以用自由组合的游戏来解释啦。
爸爸出1个Y，妈妈出1个X，组合在一起生下来的就是男孩。
那如果爸爸出1个X，妈妈出1个X，组合在一起生下来的就是女孩。
如果妈妈不常见地出了两个卵子，每个都出1个X，而爸爸出1个X和1个Y，结合在一起会怎么样？
我猜就是龙凤胎。

你是什么血型

古时候有一种传说，叫“滴血认亲”，指把父子两人的血滴入一碗水中来判断两人是否有血缘关系。这种方法没有任何科学依据。不过，血型确实有基因遗传的规律。

这3种基因，可以形成4种血型。
A
A基因
B
B基因
O
O基因
与血型有关的基因有3种。
A基因和B基因是同等的显性基因。
O基因是隐性基因。
为什么是4种？

常见的4种血型是A型、B型、AB型、O型。

A型血

2个A基因结合是A型血，A基因和O基因结合也表现成A型血。

B型血

2个B基因结合是B型血，B基因和O基因结合也表现成B型血。

AB型血

1个A基因和1个B基因结合形成AB型血。

O型血

2个O基因结合形成O型血。

我们弄清楚了血型的秘密，就可以从父母的血型来大致判断他们孩子的血型了。
ABO血型
父母血型
子女
O + O
O + A
O + B
O + AB
A + A
A + B
A + AB
B + B
B + AB
AB + AB
O
O

传规律表
子女不可能
如果父母的血型分别是A和B，那他们可能会生出A、B、AB和O 4种血型的宝宝。

除不掉的遗传病

有些基因是致病基因，它们控制着一些疾病，而且会随着基因遗传给后代。

有些遗传病是先天的，比如多指患者的手指头会比正常人多。

有些遗传病是后天发病，要经过几年、十几年甚至几十年才会出现，比如遗传性心脏病。

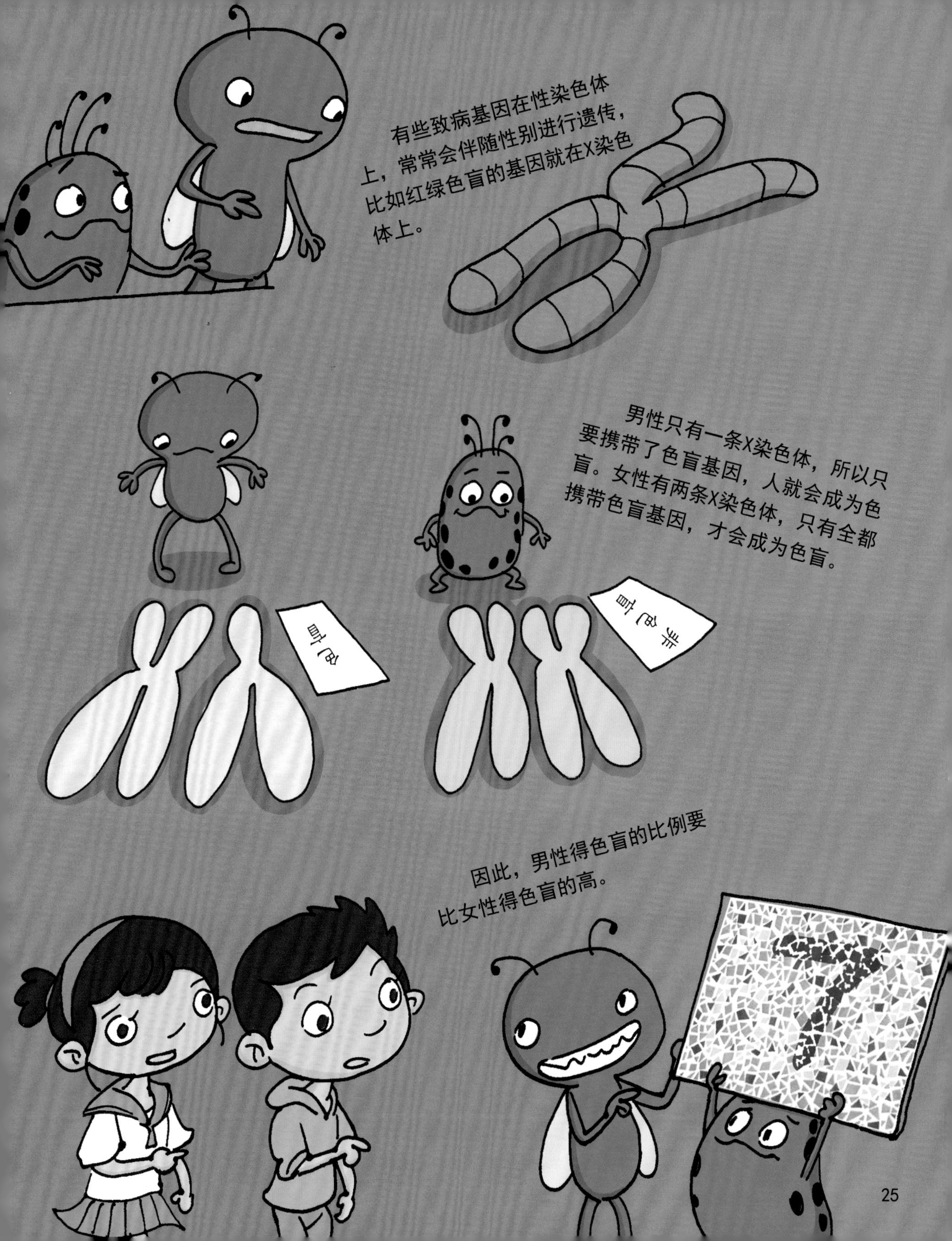
有些致病基因在性染色体上，常常会伴随性别进行遗传，比如红绿色盲的基因就在X染色体上。
男性只有一条X染色体，所以只要携带了色盲基因，人就会成为色盲。女性有两条X染色体，只有全都携带色盲基因，才会成为色盲。
色盲
非色盲
因此，男性得色盲的比例要比女性得色盲的高。

生物的变异

现在，你了解了生物遗传的秘密，也知道了基因控制着生物的特征。那是不是生物都会按照遗传规律，一代又一代不发生改变呢？

当然不是，因为生物还会发生……

变异！

变异是生物普遍存在的现象。不同种类之间、不同个体之间都存在变异。

不同品种的菊花就是变异。同一品种的羊中，出现了一只非常矮小的羊也是变异。

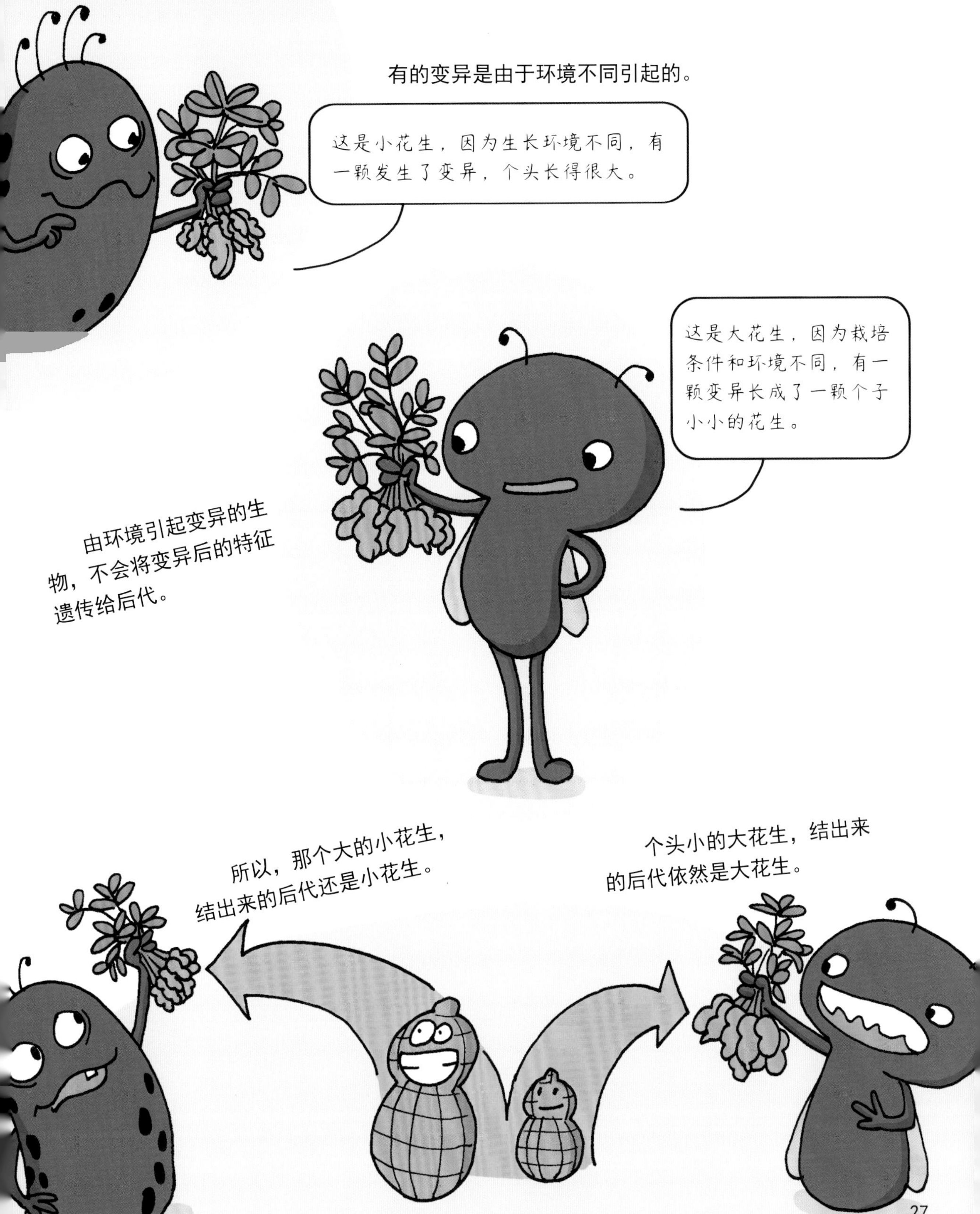
有的变异是由于环境不同引起的。
这是小花生，因为生长环境不同，有一颗发生了变异，个头长得很大。
这是大花生，因为栽培条件和环境不同，有一颗变异长成了一颗个子小小的花生。
由环境引起变异的生物，不会将变异后的特征遗传给后代。
所以，那个大的小花生，结出来的后代还是小花生。
个头小的大花生，结出来的后代依然是大花生。

如果遗传基因发生了改变，那变异后的特征就会得到遗传。这种遗传变异的原理，常被用来培育新品种，比如高产奶牛。

这些是产奶量不同的奶牛。

选择产奶量高的奶牛进行繁育。

最后，培育出高产奶牛。它的基因经过了改变，并且能够遗传给后代。

环境的改变也会引发基因的改变，发生基因突变。

嘿，快点儿，飞船马上就要起飞去太空啦！

如果把青椒的种子带到太空，太空的射线辐射会使青椒种子的基因发生突变。

返回地球后，这些青椒种子有可能产出更大的青椒。

遗传、变异和进化

你有没有听别人说过类似“人是由猴子变的”这样的话？

猴子呀猴子，你什么时候才可以变成人呢？

其实，人不是由猴子变的，而是由古猿一点点地进化来的。

生物一直在不断地进化。今天我们看到的生物，很多都是由远古生物经过千万年，甚至数亿年的时间，一点点地进化成今天的样子的。

生物进化的原因是什么呢？很多科学家都提出了各自不同的理论。但最为人们所接受的是达尔文的自然选择学说。来听听他是怎么说的吧！

生物会产生大量的后代，它们都会有遗传和变异的特性。有些变异的个体能够很好地适应自然环境，容易存活下来，并把这种变异的特征遗传给后代。与自然环境不适应的个体会被淘汰。经过遗传、变异、自然的优胜劣汰，生物得以不断地进化。
物种起源

我们用长颈鹿的故事来理解一下达尔文的说法。古时候的长颈鹿，有脖子长的，也有脖子短的。

当原本的环境发生改变，草地上的青草缺乏时，脖子长的长颈鹿可以吃到更高的树叶，而脖子短的只能“望树兴叹”。

这么一来，短脖子的长颈鹿就会慢慢饿死，数量越来越少。而长脖子的长颈鹿成了自然选择的赢家。它们遗传给了后代长长的脖子，长颈鹿也就逐渐变成了今天的样子。

亿万年来，生物不断进化，它们从水生到陆生，从无脊椎动物到鱼类，从鱼类到两栖类，从两栖类到爬行类，再从爬行类到鸟类和哺乳类。这个规律被生物留下来的化石清晰地记录了下来。

越古老的动物化石，越处于地层深处；在地层越浅的地方发现的动物化石，这种物种出现的时间离现在就越近。

挑战

生物达人 小测试

这本书回答了我们一些好玩的问题，如我从哪里来？为什么有些孩子像爸爸妈妈，有些又不完全像？遗传和变异是由哪种物质控制的？它们有什么特性？现在就来挑战一下吧，看看你记住了多少。每道题目1分，看看你能得几分！

按要求选择正确的答案

1.在一片种着金色郁金香的大棚中，出现了红色的郁金香，这种变异不可能是因为（ ）。

A.生长环境发生改变　B.基因发生重组　C. 基因发生突变　D.染色体的数量发生改变

2.人的染色体分布在（ ）。

A.细胞膜上　B.生物的性状中　C.隐性基因中　D.细胞核

3.狗妈妈生下了4只毛色不同的小狗，这说明生物体具有（ ）。

A.遗传性　B.变异性　C.进化性　D.适应性

4.在下列基因组合中，表现出相同性状的是（ ）。

A.BB和Bb　B.AA和aa　C.Cc和DD　D.Cc和cc

5.正常情况下，人的体细胞和生殖细胞的染色体数分别是（ ）。

A.23对，23条　B.22对，22条　C. 48对，48条　D.22对，23条

判断正误

6.同种生物的同一性状有不同的表现形式。例如：番茄的果实有红色和黄色之分、人的眼皮有单双之分。（ ）

7.白化病患者的家族中一定有人曾患此病，他的子女也一定会患白化病。（ ）

8.人类染色体中决定个体性别的是性染色体。（　　）

在横线上填入正确的答案

9.“种瓜得瓜，种豆得豆”属于______现象，“龙生九子，个个不同”属于______现象。

10.染色体位于细胞的______中，染色体上有许多控制性状的基本遗传单位，它就是______。

你的生物达人水平是……

10分 哇，满分哦！恭喜你成为生物达人！说明你认真地读过本书并掌握了重要的知识点，可以自豪地向朋友展示你的实力了！

7~9分 成绩不错哦！不过，一些重点、要点问题，还需要你再复习一遍，争取完全掌握本书的全部内容哦！

4~6分 了解了遗传和变异的知识，是不是感觉很神奇？但还需要继续好好精读本书，才能掌握更多的知识哦！加油！

0~3分 分数有点儿低哦！没关系，重新阅读一下本书的内容吧！相信你会有新的收获。

答案：1.A 2.D 3.B 4.A 5.A 6.√ 7.× 8.√ 9.遗传 变异 10.细胞核 基因

词汇表

遗传

父母通过繁殖后代，将自己的一些特征传递给后代，并且使后代获得父母的遗传信息。

DNA

DNA是由很多核苷酸单元组成的长聚合物，可以指导蛋白质的合成。

基因

也叫遗传因子，是储存有遗传信息的DNA片段。

自花授粉

一朵花的花粉落到同一朵花的雌蕊上。

显性

遗传的等位基因中，其中一个表现出明显的基因性状，另一个则不表现。表现出来的叫作显性性状，控制显性性状的基因叫作显性基因。

隐性

不表现出来的性状叫作隐性性状。控制隐性性状的基因叫作隐性基因。

变异

生物的一些个体或者群体在形态、生理、行为、习性等各方面，产生明显差异。

基因突变

生物的基因因为某些原因发生了突然的、可以遗传的变异。